LA

LUMIÈRE ÉLECTRIQUE

DANS LES APPARTEMENTS

Par Georges FOURNIER

CHIMISTE-ÉLECTRICIEN

LAMPE ÉLECTRIQUE A INCANDESCENCE, GRANDEUR NATURELLE
donnant une lumière supérieure à celle d'un bec de gaz

PARIS
BERNARD TIGNOL, ÉDITEUR
45, QUAI DES GRANDS-AUGUSTINS, 45

RADIGUET ET FILS

BREVETÉS EN FRANCE ET A L'ÉTRANGER

PARIS — 15, Bd des Filles-du-Calvaire — PARIS

Reliés à la Société des Téléphones

NOUVELLE PILE CONSTANTE

Ne dégageant aucune odeur et remplaçant la pile Bunsen dans toutes ses applications.

BATTERIES

BREVETÉES S. G. D. G.

DE

2, 4, 6, 8, 10, 12, éléments

POUR

LUMIÈRE ÉLECTRIQUE

d'amateur

Galvanoplastie, Moteurs, &a

Prix courant franco de tous les Appareils de démonstration pour Jeunes Gens, Écoles, Lycées.

LA

LUMIÈRE ÉLECTRIQUE

DANS LES APPARTEMENTS

Par Georges FOURNIER

CHIMISTE-ÉLECTRICIEN

PARIS
BERNARD TIGNOL, ÉDITEUR
45, QUAI DES GRANDS-AUGUSTINS, 45

1885

LA

LUMIÈRE ÉLECTRIQUE

DANS LES APPARTEMENTS

CHAPITRE PREMIER

L'intérêt qui s'est produit, lors de notre dernière Exposition d'électricité, au sujet de la lumière électrique a fait chaque jour de nouveaux progrès, et depuis cette époque, toutes les personnes, qui s'occupent de cette question, s'ingénient à faciliter dans nos appartements l'application de cette lumière qui offre tant d'avantages. — Déjà aux États-Unis et en Angleterre, nombre de maisons particulières sont pourvues de ce mode d'éclairage; chez nous il n'en existe que fort peu encore : cependant chacun le désire, et le temps n'est certainement pas éloigné, où cet éclairage nous sera aussi familier que ceux dont nous nous servons actuellement.

Sous le titre de « The Electric Light in our Homes », M. Hammond, ingénieur-électricien anglais, vient de faire paraître un recueil des conférences qu'il a faites sur l'emploi de la lumière électrique dans les habitations particulières, recueil très intéressant auquel nous avons fait de nombreux emprunts.

En dehors des moyens de production d'électricité proposés par M. Hammond, et dont l'exécution rencontrera, nous le craignons, de nombreuses difficultés, nous donnerons, pour l'éclairage de nos appartements, la préférence aux piles électriques. Les nombreux perfectionnements, dont ces générateurs d'électricité ont été récemment et sont encore chaque jour l'objet, nous permettent d'affirmer que c'est dans les piles électriques qu'il faut chercher la solution de l'éclairage domestique. Les expériences nombreuses, nous pouvons même dire les applications pratiques que nous en avons faites nous-même, ne nous laissent aucun doute à cet égard.

La question des stations centrales d'électricité, spécialement en ce qui concerne Paris, tardera sans doute longtemps avant de recevoir une solution pratique, et nous verrons probablement encore s'écouler bien du temps avant que l'électricité passe devant nos portes comme il en est aujourd'hui pour le gaz et l'eau. Quant à l'installation de moteurs à vapeur ou à gaz dans les maisons particulières, et sans tenir compte des difficultés et des dangers que présentent de semblables installations, la disposition et le mode d'habitation de nos maisons ne sauraient en général le permettre. Ce qui est possible en Amérique ou en Angleterre, où, pour ainsi dire, chaque famille un peu aisée occupe seule une maison indépendante, séparée de sa voisine par un jardin plus ou moins étendu, est impraticable dans la presque totalité de nos demeures, principalement dans les quartiers où la lumière électrique rencontrera le plus de faveur. Il nous faut donc pour l'éclairage de nos demeures recourir à l'emploi des piles électriques, et comme nous le disions tout à l'heure, cette question est une de celles que nous pouvons considérer comme pratiquement résolue.

CHAPITRE II

Le degré de civilisation d'un peuple peut assez exactement s'apprécier par le mode d'éclairage dont il fait usage : et, de fait, si l'on considère les divers moyens employés à cet effet par les différents peuples de la terre, on est porté à admettre que cette assertion ne manque pas de fondement.

Mais, quel que soit le mode de lumière employé en dehors de celui qui nous occupe, huile de phoque chez les Lapons ou gaz de houille dans nos villes, les moyens actuellement en usage possèdent tous le même vice, vice des plus graves pour notre santé, vice qu'aucun perfectionnement ne pourra leur enlever, et qui devrait suffire à lui seul pour les faire bannir de nos demeures. — Ce vice, c'est que le plus ou le moins de clarté que donnent toutes les lumières dont nous nous servons, dépend du plus ou du moins d'oxygène qu'elles enlèvent à l'air que nous respirons, ce qui revient à dire : que mieux une maison est éclairée, plus elle est insalubre pour les personnes qui l'habitent.

En effet, prenons la lumière la plus généralement répandue, la lumière produite par le gaz de houille, et examinons ce qui se passe dans la production de l'éclairage par ce moyen.

Cent volumes de gaz de houille ont la composition générale moyenne suivante :

Hydrogène	47
Gaz des marais. . .	42
Hydrocarbures lourds	3
Oxyde de carbone. .	8
	100

Dès que nous ouvrons le robinet du bec de

gaz, ces matières se précipitent aussitôt dans l'atmosphère, emportant avec elles des éléments qui auraient pour fin l'explosion ou l'asphyxie, si nous n'y mettions promptement bon ordre par un moyen que nous connaissons tous, l'allumage, qui change la nature de ces éléments. Mais ce changement ne se produit que lorsque la chaleur a atteint un degré suffisant pour opérer la combinaison de ces éléments avec l'oxygène de l'air. La principale combinaison est celle de l'hydrogène. Lorsque la chaleur du bec est arrivée à un point suffisant, cette combinaison se produit : elle se continue tout le temps que le bec reste allumé, et les produits de cette combinaison se répandent en vapeurs dans la pièce où le gaz brûle, pour venir se condenser, sous forme d'eau, sur les surfaces qu'elles rencontrent : murs, meubles, rideaux, tentures, tableaux, tapis, etc.

La chaleur produite par la combinaison de l'hydrogène et de l'oxygène amène également celle des hydrocarbures, qui représentent la majeure partie du pouvoir éclairant du gaz, et le produit de cette deuxième combinaison avec l'oxygène constitue l'acide carbonique, matière peu compatible avec les fonctions de notre organisme. Un certain nombre de particules de carbone, entraînées trop rapidement en dehors de la flamme par la pression du gaz pour opérer leur combustion, se déposent à l'état de noir de fumée sur les surfaces qu'elles rencontrent ; enfin, l'oxyde de carbone, le plus délétère de tous les gaz, passe presque en entier dans l'appartement, sans éprouver aucun changement d'état ; et c'est lui qui est une des principales causes des maux de tête, migraines, vertiges et asphyxies qui sont la conséquence certaine d'un séjour prolongé dans un appartement éclairé par le gaz de houille.

Si l'on considère donc, d'un côté, que l'hydrogène et la presque totalité du carbone ne peuvent produire de lumière qu'en consommant de l'oxygène ; de l'autre, que l'acide carbonique est composé de près de trois parties d'oxygène pour une de carbone, on peut se faire une idée de la diminution considérable d'oxygène qui aura lieu dans une pièce tant que le gaz y brûlera, et de l'augmentation en gaz dangereux qui en sera le contre-partie.

L'air normal contient environ $\frac{1}{10.000}$ d'acide carbonique ; de l'air contenant $\frac{1}{1.000}$ d'acide carbonique peut être considéré comme vicié ; à $\frac{1}{100}$ l'atmosphère est délétère et peut occasionner l'asphyxie.

Mais le gaz a encore d'autres inconvénients; en effet, en dehors des matières que nous venons d'indiquer, il renferme des quantités notables d'autres gaz également nuisibles, qui dépendent autant de la nature du charbon employé dans sa fabrication que du degré d'épuration auquel il a été soumis : parmi ces gaz se trouvent plus fréquemment l'hydrogène sulfuré et le sulfure de carbone. Sous l'influence de la chaleur, ces deux corps sont inflammables, et leur combinaison avec l'oxygène donne naissance à des produits qui sont non seulement des plus nuisibles à notre santé, mais qui ont encore pour effet de soumettre tous les objets qui constituent notre ameublement à une destruction lente, mais certaine.

Les personnes qui emploient, pour s'éclairer, l'huile, la bougie ou toute matière autre que le gaz, se réjouissent sans doute d'avoir proscrit ce dernier de leurs demeures. Elles doivent perdre leurs illusions à cet égard ; à lumière égale, l'huile, la bougie, etc., consomment une plus grande quantité d'oxygène que le gaz lui-même, et l'atmosphère où ces matières servent à l'éclairage devient rapidement aussi pernicieuse.

Le tableau suivant montre, en effet, la quantité d'oxygène consommé et d'acide carbonique produit, et, par suite, la quantité d'air vicié par la combustion de la quantité de ces différents corps nécessaire pour produire, pendant une heure, une lumière équivalente à celle produite par un bec de gaz.

	OXYGÈNE CONSOMMÉ en LITRES	ACIDE CARBONIQUE PRODUIT en LITRES	AIR VICIÉ en LITRES	CALORIES DÉGAGÉES
Gaz	95	56	450	530
Huile	130	94	675	380
Essence minérale . .	180	130	940	830
Paraffine. . .	162	132	950	840
Cire	230	167	1,190	960
Stéarine. . . .	240	175	1,240	940
Suif	340	245	1.650	1260
Lumière électrique. .	Pas	Pas	Pas	34

Il n'y a qu'un moyen d'échapper à tous ces dangers, c'est d'employer une lumière parfaite.

Une lumière parfaite ne doit pas consommer d'oxygène ;

Elle ne doit ajouter aucune matière à l'air que nous respirons ;

Elle ne doit apporter avec elle aucun élément de danger, soit pour la vie, soit pour la santé ;

Elle doit produire une clarté agréable, et demeurer entièrement soumise à la volonté de celui qui l'emploie ;

Enfin elle ne doit pas être d'un prix qui constitue un obstacle à son usage journalier.

Cette lumière existe-t-elle ? — Oui, elle existe. Elle existe dans l'emploi des lampes électriques à incandescence dans le vide, qui remplissent rigoureusement toutes ces conditions, ainsi que nous allons le démontrer.

CHAPITRE III

Une lumière parfaite ne doit pas consommer d'oxygène, c'est-à-dire ne pas soustraire à l'air que nous respirons la partie qui nous est la plus essentielle.

La lumière électrique par incandescence dans le vide remplit indiscutablement cette condition. Elle ne saurait exister autrement. Toute consommation d'oxygène, aussi minime qu'elle puisse être, est pour elle un arrêt de mort suivi d'exécution immédiate. En effet, si le filament de charbon que renferme une lampe de ce genre, et qui produit la lumière par échauffement, se trouvait en contact avec l'oxygène, ne fût-ce qu'une fraction de seconde, il serait à l'instant consumé, et avec lui disparaîtrait toute trace de lumière. La privation la plus absolue de toute trace d'oxygène est donc la condition *sine qua non* de son existence, et en fait, dans cette lumière, nous constatons le phénomène chimique inverse de toutes les autres lumières que nous employons actuellement : l'oxygène est pour celles-ci un élément de vie indispensable, tandis que pour la lumière électrique par incandescence dans le vide, c'est une cause absolue de mort.

La lumière électrique ne consomme donc pas d'oxygène.

CHAPITRE IV

Une lumière parfaite ne doit ajouter aucune matière à l'air que nous respirons.

Ici, comme tout à l'heure, la lumière électrique remplit cette condition de la lumière parfaite. N'empruntant rien à l'atmosphère, elle ne saurait rien y ajouter. Hermétiquement scellée dans son enveloppe de verre, pour les besoins mêmes de son existence, elle ne laisse rien échapper de ce qui se passe en elle : et en fait, il ne s'y passe rien, en dehors de l'échauffement produit par le passage du courant électrique. Quoique très violent pour le filament de charbon, cet échauffement se fait à peine sentir à l'extérieur, car, par le tableau qui précède, on peut voir qu'à lumière égale, la lumière électrique ne développe pas la quinzième partie de la chaleur que produit le gaz.

Nous avons même entendu des personnes reprocher à la lumière électrique ce défaut de chaleur et dire que le gaz leur servait en même temps d'éclairage et de chauffage.

Mauvais marchand de sa santé celui qui spécule sur une économie de ce genre : entre le charbonnier et le médecin le choix sera pour nous facile à faire.

La lumière électrique n'ajoute donc aucune matière à l'air que nous respirons. Et ici, surtout, combien est grande la différence avec le gaz! Sans revenir sur les matières nuisibles que ce dernier répand dans l'atmosphère et dont nous avons déjà donné le tableau, nous dirons encore quelques mots sur un point qui passe, en général, inaperçu, et qui a cependant une importance assez considérable.

Nous avons dit plus haut que l'hydrogène du gaz se combinant avec l'oxygène produisait de l'eau; mais on ne se fait généralement pas une idée de la quantité énorme d'eau que cette combinaison peut produire. Un bec de gaz produit facilement *1 litre 1/2 d'eau à l'heure* : et quelle eau! Les composés de soufre, dont nous avons parlé, s'oxydant sous l'influence de la chaleur, produisent de l'acide sulfurique, de telle sorte qu'une salle où 100 becs de gaz auront brûlé de 5 heures à minuit aura reçu dans sa soirée 700 à 800 litres d'eau acidulée sulfurique, capable de détruire toute matière organique et même d'attaquer les métaux. Cette eau sera en partie introduite sous forme de vapeurs, par la voie respiratoire, dans l'organisme des personnes présentes auxquelles cette absorption ne fera que peu de bien; quant au reste, il viendra se condenser sur toutes les parties de la salle auxquelles il causera de graves dommages. Ces chiffres pourront paraître considérables, ils sont cependant exacts. Ils ont été contrôlés par des savants, dont l'autorité ne peut être mise en doute. Il en est de même de ceux que nous avons donnés dans le tableau qui précède.

En ce qui concerne la chaleur et l'acide carbonique dégagés par le gaz, par rapport à la lumière électrique, nous n'avons qu'à donner les résultats de l'expérience suivante, faite à Birmingham, pour que chaque lecteur puisse facilement établir la comparaison entre ces deux modes d'éclairage.

L'éclairage d'une salle de concert a été comparativement fait avec le gaz et la lumière électrique, la salle contenant, dans les deux cas, très approximativement, le même nombre d'assistants.

Avec l'éclairage au gaz, la température, près du plafond, s'élevait de 60 à 100 degrés Fahrenheit, au bout de trois heures d'éclairage. L'échauffement équivalait à une augmentation de 4,300 personnes dans l'assistance, qui se composait normalement de 3,100 personnes.

L'atmosphère était, en outre, viciée par l'acide carbonique, comme s'il y avait eu 3,600 personnes de plus.

Avec la lumière électrique, la température ne s'éleva que de 1 degré 1/2, après sept heures d'éclairage; quant à l'acide carbonique, il ne représentait que celui dégagé par les personnes présentes, les lampes électriques à incandescence dans le vide ne pouvant en produire à aucun degré.

CHAPITRE V

Une lumière parfaite ne doit apporter avec elle aucun élément de danger soit pour la vie, soit pour la santé.

Ce point est un des plus importants que nous ayons à traiter : il nous est donc indispensable de démontrer d'une façon péremptoire, que non seulement l'introduction de la lumière électrique dans nos appartements n'y apporte aucun élément de danger, mais encore qu'elle fait disparaître tous ceux qui proviennent des diverses matières que nous employons actuellement pour nous éclairer.

Bien que l'industrie du gaz soit en plein développement depuis bientôt cinquante années, il n'est guère de jour où cet agent d'éclairage ne soit la cause de nombreux accidents. Ils sont même devenus tellement fréquents, qu'à moins de malheurs publics, ce sont des faits divers sans importance et indignes de remplir les colonnes de tout journal bien informé. Par contre, que le moindre accident, ayant une apparence d'électricité pour cause, vienne à se produire, mille bouches s'en emparent, le colportent et le commentent en l'exagérant.

En dehors de la nouveauté qui s'attache aux accidents de ce genre et qui peuvent intéresser le public par leur rareté même, il ne faut pas perdre de vue que la question d'intérêt matériel peut jouer ici un certain rôle. Le nombre de personnes pécuniairement intéressées dans l'électricité est encore assez limité ; il n'en est point de même pour le gaz : car, sans compter les capitalistes, qui entassent dans leurs portefeuilles un nombre considérable d'actions des Sociétés de gaz de tous les pays, combien de petites bourses établissent-elles leur budget sur le revenu de ces mêmes actions ! Le moindre progrès dans l'électricité fait trembler tout leur système économique, et il est facile de comprendre avec quelle joie elles accueillent et propagent à l'envi toute nouvelle qui peut servir à entraver la marche d'un ennemi dont elles sentent l'envahissement fatal.

Il convient cependant d'avouer que la lumière électrique a été la cause de quelques accidents sérieux ; mais ces accidents se sont produits, dans des conditions spéciales dont nous allons parler, et point du tout de celles que nous établirons pour l'éclairage électrique de nos appartements.

Il existe une opinion assez généralement répandue, qui consiste à admettre qu'il y a danger sérieux, même danger de mort, à toucher les fils conducteurs d'un courant électrique, faible ou fort. Cette croyance ne repose cependant sur aucun fondement : il n'y a absolument aucun danger à servir de fermeture à un circuit électrique dont la tension ne dépasse pas une certaine mesure, même d'une machine qui aurait une force électro-motrice de 100 volts et un courant de 650 ampères, soit 65,000 volts ampères, ou capable de produire une force équivalente à près de 100 chevaux-vapeur.

Les accidents qui ont eu lieu, dont quelques-uns, assez rares cependant, ont été suivis de mort, étaient dus à ce que les fils, qui ont été touchés par ces personnes, servaient à l'alimentation de plusieurs lampes à arc en tension, et transportaient des courants qui dépassaient 500 et même 1,000 volts.

Pour les lampes à incandescence, de pareilles tensions n'auraient aucun avantage : les basses tensions de 20 à 50 volts conviennent parfaitement, et avec elles, il n'existe aucun danger, même en touchant les fils.

Enfin il faut ajouter ce point très important, c'est que les accidents n'ont eu lieu que parce que les fils qui en ont été la cause n'étaient recouverts d'aucune matière isolante ; et, bien que pour les courants de basse tension cette isolation ne soit pas nécessaire, cependant, pour éviter même jusqu'à l'idée du danger, nous couvrirons avec soin d'une matière isolante tous les fils placés dans nos maisons, tout en déclarant qu'on peut sans inconvénient les toucher à nu, par suite des basses tensions qui les parcourent ; et que, même, traversés par des courants de très haute tension, ils ne présentent aucun danger, s'ils sont convenablement isolés.

Quant aux dangers d'incendie, rien à craindre du côté de la lampe par suite de sa fermeture hermétique. Il n'y a donc à redouter que l'échauffement, pour une cause quelconque, des fils conducteurs de l'électricité, et rien n'est plus facile que de prévenir de ce côté toute éventualité d'accident.

Cet échauffement ne peut pour ainsi dire jamais se produire, si l'on emploie des piles électriques disposées selon la force de l'éclairage que l'on veut obtenir, et dont le débit d'électricité est en quelque sorte réglé par les lampes même qu'il alimente ; mais en serait-il autrement pour une cause quelconque, et le courant viendrait-il subitement à augmenter dans des proportions telles que les fils conducteurs dussent forcément chauffer et rougir, que rien n'est plus simple que de prévenir un accident : il suffit d'intercaler à la sortie du générateur d'électricité, et encore dans toute autre partie du circuit que l'on voudra, une *fusée de sûreté*, c'est-à-dire un fil de plomb, ou de toute autre matière conductrice de l'électricité, facilement fusible, reliant les deux bouts d'un des fils conducteurs, fusée dont le diamètre sera calculé pour permettre le passage d'un courant déterminé et sans action calorifique possible sur les fils conduisant aux lampes le courant électrique, mais qui, par contre, ne saurait être traversé par un courant plus fort et par suite dangereux, sans être assez échauffé lui-même par le passage de ce courant pour fondre, se rompre, et, par suite, interrompre toute communication entre le générateur d'électricité et les fils disposés dans nos appartements.

Mais nous ne saurons trop le répéter, cette précaution, que nous emploierons pour éviter toute possibilité d'un accident même le moins probable, est loin d'être une nécessité, pas plus que l'isolation des fils de basse tension; et tout électricien qui apportera le moindre soin dans l'installation de l'éclairage électrique saura éviter, je ne dirai pas toute cause de danger, mais même de mécompte dans la régularité du service de l'éclairage.

Donc pas de danger d'incendie. En est-il ainsi, par contre, avec les autres matières actuellement employées pour l'éclairage? Sans parler du pétrole et de l'essence minérale, et des catastrophes dont ils ont été la cause, que dire de celles qui ont été produites par le gaz? La liste des maisons détruites remplirait facilement plusieurs pages de cette brochure, sans compter le nombre des personnes dont la mort a été la suite d'asphyxies ou d'explosions ayant le gaz pour cause. Avec la lampe électrique, pas d'incendie possible; il est même, on peut dire, impossible d'allumer quoi que ce soit.

Toute solution de continuité dans son enveloppe la détruisant immédiatement et infailliblement, on peut impunément les casser tout allumées au milieu de matières inflammables.

Quant aux explosions que peut produire l'électricité. nous pensons qu'il est inutile d'insister sur ce point ; l'emploi de la lumière électrique ne peut donner lieu à aucune explosion. Par conséquent, pas de danger d'incendie, pas de danger pour la santé: la lumière électrique n'apporte dans nos demeures aucun élément de danger.

CHAPITRE VI

Cette lumière doit produire une clarté agréable; elle doit être entièrement soumise à la volonté de celui qui l'emploie.

Beaucoup de personnes, sans connaître du reste la question, — car elles auraient une opinion toute différente, — déclarent que la lumière électrique est désagréable à l'œil et fatigue la vue. N'ayant jamais vu que des lampes électriques à arc ou des bougies électriques, elles émettent cette opinion, sans se rendre compte que ce ne sont point des lumières de ce genre, fort propres d'ailleurs pour certains éclairages extérieurs, que nous voulons introduire chez nous, mais des lampes à incandescence dans le vide dont le pouvoir lumineux dépend absolument des personnes qui s'en servent.

Saurait-il, au contraire, y avoir une lumière plus agréable à l'œil et qui fatigue moins la vue? — Lumière absolument fixe dans tous les degrés de puissance pour laquelle on la règle, forte ou faible à volonté, éclatante comme le soleil ou réduite à l'état de ver luisant, insensible à toutes les actions extérieures, naissant, disparaissant ou renaissant à volonté, ce qui n'est pas une des moindres causes d'admiration qu'elle provoque, même chez les personnes qui s'en servent journellement. Et de fait, cette qualité est admirable. Couché dans votre lit, vous pouvez, aussi rapidement que la volonté même, éclairer, autant de fois que vous le voulez, tout ou partie de votre maison, ou la plonger dans les ténèbres.

Cette lumière est la plus agréable, nous pouvons dire la plus docile des lumières, et il faut ne s'en être jamais servi pour oser dire le contraire.

CHAPITRE VII

Enfin son prix ne doit pas être un obstacle à son emploi.

Ce point a, en effet, son importance : et, pour examiner la question à ce point de vue, nous prendrons le gaz pour terme de comparaison.

Peut-on produire la lumière électrique au prix du gaz?

Actuellement et sans savoir ce que l'avenir nous réserve, nous pouvons répondre avec certitude : Oui, on peut produire la lumière électrique au prix du gaz, même en la divisant comme le gaz.

Nous ajouterons que même d'un prix supérieur au gaz en apparence, la lumière électrique est en réalité beaucoup plus économique, si nous tenons le moindre compte de tous les dégâts que le gaz occasionne dans nos appartements et des dépenses qui en sont la conséquence.

Quant à la question de santé, si nous examinions, comme il conviendrait de le faire, les éléments dangereux que l'emploi du gaz introduit fatalement avec lui dans nos demeures et les effets nuisibles pour notre santé qui en sont la conséquence fatale, nous le repousserions avec énergie, dût-on nous le donner pour rien.

Quelle est la mère qui donnerait à son enfant une nourriture qu'elle saurait dangereuse pour sa santé, parce qu'elle l'aurait à meilleur compte; et cependant, c'est ce que nous faisons chaque jour avec le gaz.

Si nos moyens ne nous permettent pas le luxe de lumières nombreuses, prenons-en un moins grand nombre, mais choisissons celles qui ne peuvent avoir une influence fâcheuse sur notre santé; chassons le gaz de nos demeures, remplaçons-le par cette lumière dont nous venons de voir les avantages, et dont les qualités, on peut le dire, ne sauront jamais être dépassées par aucune autre lumière qui puisse sortir de la main de l'homme. Le XIXe siècle a développé le transport rapide des personnes et des idées par la vapeur, le télégraphe et le téléphone: dans la lumière électrique, il aura inauguré la lumière de l'avenir.

POST-SCRIPTUM

Le mouvement en faveur de l'Éclairage électrique s'accentue et la suppression des risques d'incendie que comporte son emploi commence à être prise en sérieuse considération.

A ce sujet, nous lisons dans le *Mouvement industriel belge* du 24 octobre 1884 une nouvelle fort importante pour l'électricité en général, et qui est si bien la confirmation d'un des principaux chapitres de ce petit volume que nous n'hésitons pas à la publier en *post-scriptum* :

Les Sociétés d'assurance contre l'incendie ayant refusé d'admettre le gaz comme moyen d'éclairage pour l'intérieur de l'exposition d'Anvers, il a été décidé que les bâtiments seraient exclusivement éclairés à la Lumière Électrique.

Ceci n'est que le commencement; ce sera bien autre chose lorsque les personnes qui se servent journellement de l'éclairage au gaz auront acquis la conviction qu'il est en grande partie l'origine de beaucoup de maux qui nous affligent, migraines, névralgies, etc., en même temps que la cause de destruction la plus fréquente de tous nos objets mobiliers.

Le gaz a fait son temps; il ne lui reste plus que peu de jours à vivre.

Le lecteur s'étonnera peut-être de ce que nous n'ayons, dans ce petit volume, ni décrit, ni préconisé aucune batterie. Le nombre des inventeurs et des fabricants de piles électriques pouvant produire de la lumière est cependant assez considérable, mais le choix de tel ou tel système dépend uniquement du genre d'éclairage que chacun désire obtenir.

Nous nous sommes spécialement attaché à montrer les avantages, autant sous le rapport de l'agrément que sous celui de la santé, qu'il y avait à employer la lumière électrique de préférence à tous les autres modes d'éclairage dont nous faisons actuellement usage; à chacun de choisir la pile qui convient le mieux à ses besoins.

Pour une description complète de piles et batteries électriques, nous renvoyons le lecteur au cinquième volume de la collection des *Actualités industrielles*, qui paraîtra incessamment sous le titre de : « Les Piles électriques, thermo-électriques, et les Accumulateurs. »

FIN

SOCIÉTÉ ANONYME

D'ÉLECTRICITÉ

Exploitation des Brevets

A. GÉRARD

Lampes à incandescence

Numéros	Intensité lumineuse en bougies	Courant nécessaire en volts	Courant nécessaire en ampères	PRIX
0	10			8
1	25	20	2	10
2	50	30	2	12
3	100	40	2	15
4	200	50	5	20
5	400	60	7	30
6	800	70	8	125

Ces lampes se distinguent de **leurs** similaires par la fabrication **spéciale de** leur charbon disposé **en forme de** triangle, et par leur **pouvoir** éclairant beaucoup plus **considérable.**

Le charbon employé **n'est** pas **un filament** végétal, non plus **qu'un fragment** de charbon car**bonisé; il se** compose de charbon **pur,** porphyrisé, aggloméré et **passé** à la filière.

Ainsi que l'indique le dessin, ces **lampes** sont munies d'une **armature** qui **permet** de les fixer **facilement** sur leur **support.** lequel **peut** s'adapter **sur un** bras **de lumière et** même **se** visser sur **les appareils** à gaz.

Prix du support **1** *franc.*

Grande Médaille à l'Exposition d'Électricité de 1881.

UNE Médaille d'OR et QUATRE en ARGENT

LUMIÈRE ÉLECTRIQUE DOMESTIQUE

Par la Pile impolarisable

et par LES MACHINES DYNAMO-ÉLECTRIQUES de

CLORIS-BAUDET

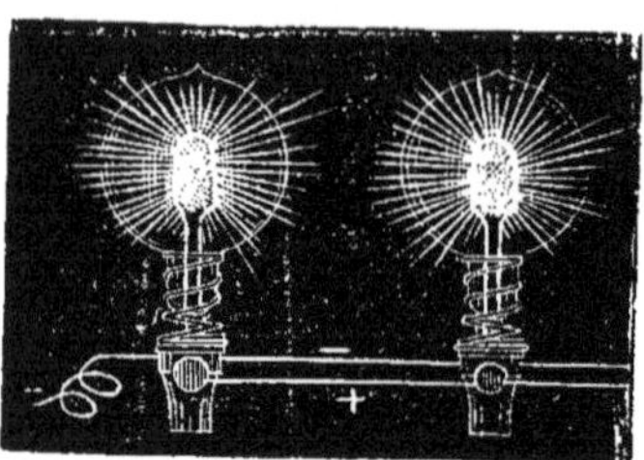

Lampes à incandescence, 6 fr.

Emballage et affrt en plus.

Support de lampe, 1 fr.

Batterie de 6 Éléments Impolarisables

Pile Impolarisable de CLORIS BAUDET.

PRIX DES PILES :

Nº 1, **10** fr. ; Nº 2, **15** fr. ; Nº 3, **17** fr. ; Nº 4, **12** fr. ; Nº 5, **17** fr. ; Nº 6, **20** fr.

PRIX DES PILES POUR LUMIÈRE :	Nº 4	Nº 5	Nº 6
2 éléments donnant 1 bougie	24 fr.	34 fr.	40 fr.
3 — — 2 à 3 —	36	51	60
Une batterie de 6 éléments, donnant 4 à 6 bougies	90	120	135
Deux — — 10 à 15 —	180	2[illegible]0	270
Trois — — 15 à 25 —	270	360	405
Quatre — — 25 à 35 —	360	480	540

et ainsi de suite, en augmentant dans ces mêmes proportions.

MACHINES A LUMIÈRE (RÉVERSIBLES)

Type A, pour démonstration, mesure 35/15/15 centimètres .... **160 fr.**
d° **B**, pour lumière, — 49/17/16 d° .... **320 fr.**

Cette machine **B**, actionnée par une force de 1/3 de cheval, alimente 8 à 10 lampes à incandescence de 8 bougies.

MOTEURS ÉLECTRIQUES (RÉVERSIBLES) DE C. BAUDET

Modèle A, pour Machines à coudre, Tours, etc., mesure 35/15/15 c.. **150 fr.**
d° **B**, pour Machines-Outils, etc., — 49/17/16 c.. **320 fr.**

TOUS LES JOURS, A TOUTE HEURE, EXPÉRIENCES COMPARATIVES DE TOUS APPAREILS

SALON OBSCUR POUR LUMIÈRE

La nouvelle brochure illustrée sera envoyée gratuitement, franco, à qui en fera la demande

CLORIS-BAUDET,

PARIS, 14, rue St-Victor, ancien **90** (PRÈS LE SQUARE MONGE), **PARIS**

Avis très important. — Nous avons l'honneur de vous faire savoir que nos appareils se recommandent d'eux-mêmes et que nous ne faisons partie d'*aucune des coteries électriques.*

SOCIÉTÉ ANONYME D'ÉLECTRICITÉ

EXPLOITATION DES BREVETS

A. GERARD

Machine Dynamo-électrique à courants continus

N° 00	actionnée à la main 7 volts et 1 ampère .	**80** »
N° 0^1	— — 20 — 2 — .	**150** »
N° 0^2	— — avec socle 20-2 . . .	**200** »
N° 0^3	avec table et support à pédale	**300** »
N° 0^5	actionnée au moteur, 30 volts et 7 ampères	**200** »
N° 1	— 1 cheval, 50 volts 8 ampères. . . .	**500** »
N° 2	— 2 chevaux, 75 — 15 —	**600** »
N° 3	— 3 — 100 — 20 —	**750** »

Pour tous renseignements demander
le catalogue illustré de la SOCIÉTÉ ANONYME D'ÉLECTRICITÉ
39, Avenue Marceau (Courbevoie) (Seine)

OFFICE DES BREVETS D'INVENTION

Maison Ch. DESNOS

IMPRIMERIE CHAIX. — RUE BERGÈRE, 20, PARIS. — 24194 4

94

www.ingramcontent.com/pod-product-compliance
Ingram Content Group UK Ltd.
Pitfield, Milton Keynes, MK11 3LW, UK
UKHW021946260726
13994UKWH00004B/1571